讲给孩子的
基础科学 01

串联世界的
电子

[韩] 郭泳稙 著 [韩] 徐贤 绘 程金萍 译

U0243014

中信出版集团 | 北京

图书在版编目（CIP）数据

串联世界的电子 / （韩）郭泳稙著；（韩）徐贤绘；
程金萍译 . -- 北京：中信出版社，2023.5
（讲给孩子的基础科学）
ISBN 978-7-5217-5243-4

Ⅰ . ①串… Ⅱ . ①郭… ②徐… ③程… Ⅲ . ①电子学
－儿童读物 Ⅳ . ① TN01-49

中国国家版本馆 CIP 数据核字 (2023) 第 021912 号

串联世界的电子
（讲给孩子的基础科学）

著　　者：[韩]郭泳稙
绘　　者：[韩]徐贤
译　　者：程金萍
出版发行：中信出版集团股份有限公司
　　　　　（北京市朝阳区东三环北路 27 号嘉铭中心　邮编　100020）
承 印 者：北京瑞禾彩色印刷有限公司

开　　本：889mm×1194mm　1/24　　印　张：48　　字　数：1558 千字
版　　次：2023 年 5 月第 1 版　　印　次：2023 年 5 月第 1 次印刷
京权图字：01-2022-4476
审 图 号：GS 京（2022）1425 号（本书插图系原书插图）
书　　号：ISBN 978-7-5217-5243-4
定　　价：218.00 元（全 11 册）

出　品：中信儿童书店
图书策划：火麒麟
策划编辑：范萍　王平
责任编辑：曹威
营销编辑：杨扬
美术编辑：李然
内文排版：柒拾叁号工作室

版权所有·侵权必究
如有印刷、装订问题，本公司负责调换。
服务热线：400-600-8099
投稿邮箱：author@citicpub.com

电是什么?

电是如何产生的?

电在流动时会发生什么事情?

今天,

电子"汤米"将带您走进人类肉眼看不见的电的世界,

为您生动讲解电的起源,

揭秘电子如何串联起整个世界……

目录

发现电的真面目

捕捉静电

流动吧，电子

令人惊奇的电的效应

夜晚会更加漆黑。

如果没有电来照明，那深夜的街道会更加漆黑，更加危险。

电话也无法使用。

人们要想传递信息，就需要写信，或者亲自去见对方。

天黑了，夜幕降临，人们什么事情都做不了。

天这么黑，什么都没法做了。

对啊，太阳一落山就什么都干不了了。

哎，我得去睡觉了。

哈欠——

我也去睡觉了！

等太阳出来后再见！

梦里见！

这种情况下，科学家开始开动脑筋，探索全新的照明方式。

要是夜晚也能像白天一样明亮就好了。

谁说不是呢！

开动脑筋！拼命思考！我可以做到！

深思……

得想想办法，一定要解决这个问题。

利用阳光折射？

在高处点火照明？

或者多抓一些萤火虫……

哈哈哈！我果然是个天才！

呀！博士好奇怪啊！

后来， 幸运的是，1879 年，美国科学家爱迪生改进了利用电来照明的白炽灯。此后，科学家又发明了各式各样的电力照明产品，使得夜晚像白天一样明亮。

天哪，我等了五个月才收到包裹！这也太耽误事儿了！

谁说不是呢？我订的是冬天的衣服，可收到时已经是春天了。

包裹领取处

后来， 1876 年，美国人贝尔发明了电话；1895 年，意大利人马可尼利用电磁波做通信试验。我们每天使用的手机采用的就是无线通信技术。

没有电脑也就没有网络。

人们不能玩电脑游戏，也无法进行便捷的网购。

后来， 1946 年，美国人艾克特和莫克利等发明了世界上第一台电子计算机——埃尼阿克（ENIAC）。随后，计算机产业迅猛发展，如今计算机已成为人们生活中的必需品。此外，随着网络的广泛使用，人们已经轻松实现信息交换，整个世界变成了一个密不可分的整体。

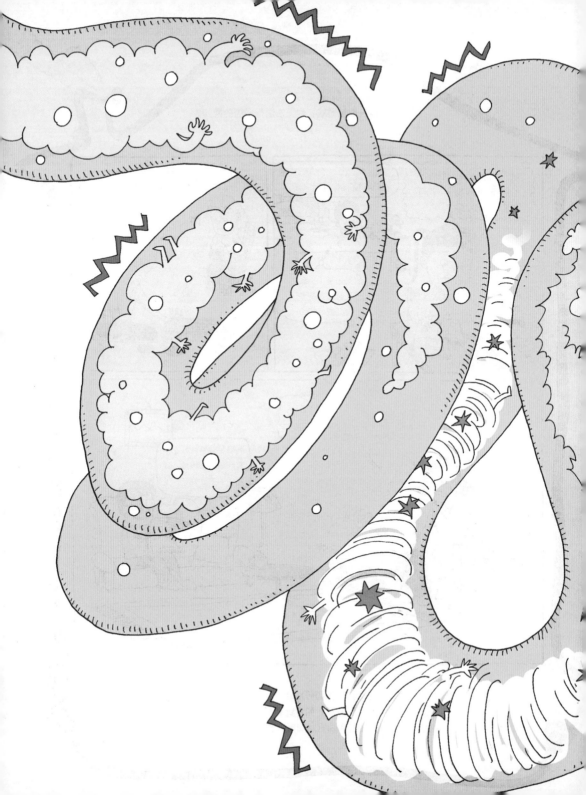

砰！

百变科学博士，变身为**电子**！

大家好！现在，我已经变成了电子。

虽然我的变身术非常厉害，但变身成如此微小的电子可并不容易哟。

不过，我已经下定决心克服一切困难，带大家看看电子的真面目。

现在的我对电子可是无所不知、无所不晓。

你问我是不是在吹牛？世上之所以有电，那可全是我们电子的功劳，

而我又是所有电子中很特殊的存在，就算吹牛也不过分吧。

好了，大家跟着我一起走进电的世界吧！

发现电的真面目

电到底是什么？要想找到这个答案，大家就要先了解电子。因为没有电子，就无法展开关于电的话题。那电子又是什么？它在哪儿？它和电之间又有什么关系呢？

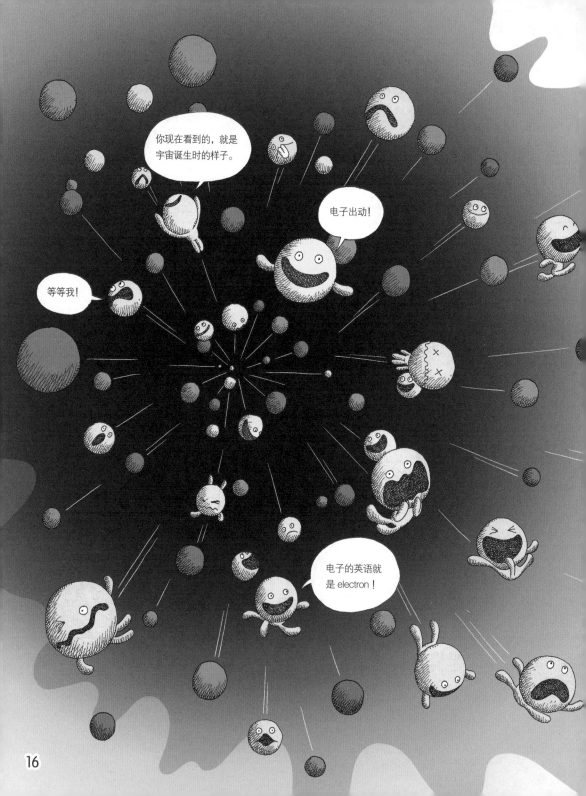

我是电子汤米

好了，一场神奇的电的旅程已经开始啦！先正式自我介绍一下吧，我叫汤米，是个可爱的小电子！

在这个世界上，除了我，还有数不尽的电子。我们不仅长得一样，做的事情也都一模一样。你是不是想问我，我们是如何区分彼此的？嘿嘿，其实大家不用担心这个问题，因为我们根本就没有必要进行区分。不过，不要因为我们完全相同，就认为我只是一个平平无奇的电子哟！虽然我们电子数量众多，但能为大家讲解我们的本领的，也就只有我一个。嘿嘿，所以我可是独一无二的电子！

包括我在内，所有的电子都是在宇宙诞生时出现的。那我到底多少岁了呢？如果真要问我的年龄，那应该有 140 亿岁了吧。不过，大家可不要因为电子的年龄很大就觉得电子很复杂，我们电子从来都不重视自己的年龄。

真正的汤米，就是我！

怎么样，要不要听电子汤米讲述一段与电有关的奇妙故事？

电子的发现

不是要讲电的故事吗，怎么又说起电子了呢？大家少安毋躁！要知道，电来源于我们电子，没有电子，这个世界上就不会有电。所以，要想真正地了解电，必须先了解我们电子。

有趣的是，科学家在发现我们电子之前，就已经掌握了关于电的许多情况。大家在学校里学到的关于电的定律，也是在电子被发现之前就已经被人们掌握了的。

汤姆孙博士是第一个揭开我们神秘面纱的人。在距今100多年前，汤姆孙博士在做阴极射线管实验时，发现了我们电子。当时的阴极射线管和如今的荧光灯设计原理差不多，阴极射线管是一种真空玻璃管，两端分别为阳极（+）和阴极（-）。如果往阴极射线管里面加入气体，根据所加入气体种类的不同，通电后，阴极射线管内就会发出不同颜色的光。科学家认为，在这个过程中有一些特殊的物质从阴极流向了阳极并和气体发生碰撞从而产生了光。科学家将这种起源于阴极端的物质的流动称为"阴极射线"。

19

在研究阴极射线的过程中，汤姆孙博士发现那些从阴极流出来的物质是一些带负电的粒子。后来他们又发现，阴极射线是由流动的粒子组成的，而这些粒子正是我们电子。

1897 年 4 月 30 日，汤姆孙博士在英国皇家研究所发表了关于阴极射线的重要实验结果。他的研究显示，阴极射线管的阴极所流出的这些粒子的大小、质量和电荷量全都相同，他将这些粒子命名为微粒子。微粒子是指非常微小的粒子。后来，我们的名字从微粒子变成了电子，

就这样，我们电子的名字出现在了世人面前。为了永远铭记和汤姆孙博士初次见面的那一刻，我特地给自己取了个帅气的名字——汤米！

汤姆孙博士因其刻苦钻研，最终荣获了诺贝尔物理学奖。不仅如此，他在教育学生方面也是尽心尽力，在他的学生中，先后有 7 人也都获得了诺贝尔奖。怎么样，汤姆孙博士是不是非常了不起？

　　电子被世人发现，让我们的各项本领得到了更充分的发挥。人们发明了各种各样利用我们电子的方法。大家可以用电脑绘图、唱歌，操作庞大的机器等。各种用电的工作，都是我们电子的功劳。这么说来，汤姆孙博士发现了我们电子，对人类来说可真是一件大好事。

原子构成物质，电子存在于原子中

我在前面说过，这个世界上有数不清的电子，那这么多电子都藏在哪儿呢？简单来说，我们生活在名叫"原子"的家里。你们问我原子又是什么？哎呀，不要着急，且听我慢慢讲来！

你们是不是每天都会用到各式各样的东西，比如桌子、玻璃杯、勺子、毛衣……这些东西都是用不同的材料做成的，构成这些东西的材料被称为物质。而所有的物质都由名叫"原子"的微粒组成，我们电子就存在于这些原子中。

细胞

古时候，人们以为原子是世界上最小的粒子，于是便将其命名为原子。原子一词，曾表示最小的粒子，小到无法再对其进行拆分。人们之所以给原子起这个名字，是因为大家不知道原子中竟然还有我们电子这种更小的粒子存在。嘻嘻嘻，看，我们在原子里面藏得严实吧？过了很久，大约在 100 年前，人们才终于发现原子还可以被拆分成更小的粒子。

所有的物质都是由原子构成的，而原子又是由原子核和我们电子构成的。

此外，人们还发现，原子核带正电（＋），而电子带负电（－）。

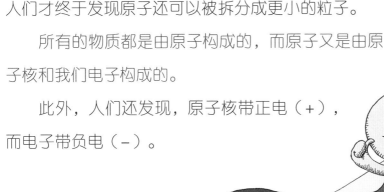

我在原子里。

电子

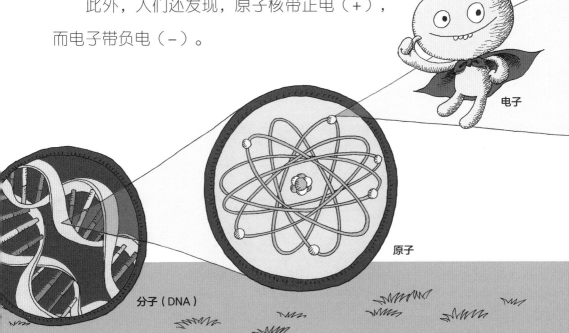

分子（DNA）

原子

原子结构

刚开始，科学家认为，我们电子和原子核像年糕一样紧紧地贴在一起。后来，经过反复实验，人们发现，原子核中质子和中子结合在一起，而我们电子则围绕着原子核不停地高速旋转。

原子由原子核和绕核旋转的电子组成，而原子核由质子和中子组成。

跟质子、中子相比，电子的质量很小，而原子核几乎集中了原子的全部质量。不过，因为质子和中子紧紧结合在一起，所以原子核体积很小。

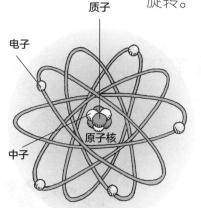

质子

电子

中子

原子核

原子模型

如果把原子比作一个巨大的体育馆，那原子核就像挂在体育馆中间位置的一颗珠子，而我们电子就像在体育馆里飞舞的灰尘。也就是说，原子内绝大部分空间都是空的，电子就在这个空旷的环境里围绕着原子核高速运动。

可以说，质子和我们电子既是一同住在原子里的一家人，也是一对好搭档。不过，我们这对搭档有点奇怪。为什么这么说呢？请大家仔细往下听。

我前面讲过，电子带负电，质子带正电。虽然我们两个所带的电电性相反，但电量却相等。因此，只要质子数和电子数相等，那质子所带正电荷和核外电子所带负电荷也就相等，正负电荷相互抵消，总电荷就会变为 0，也就相当于没有电。这种情况被称为电中性。

通常，原子中的质子数和电子数相等，正电荷和负电荷保持精确平衡，原子呈电中性，数量相等的质子和电子能够融洽地生活在一起。从这个角度来说，质子和我们电子可谓保持完美平衡的最佳搭档。

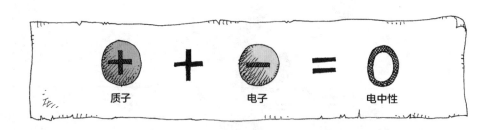

质子　＋　电子　＝　电中性

不过，我们电子和质子也有不协调的一面。和我们电子相比，质子的体积比较大，其质量则是我们电子的 1840 倍。大家想象一下，你身边有一个超级庞大、质量比你重无数倍的伙伴，是一种什么样的感觉，怎么样，是不是感觉非常不协调？

哎呀，好尴尬呀。

喘不上气来了！

我们输了！

虽然质子和我们电子看起来不协调，但我们却是关系融洽的伙伴，我们一起构成原子，还能产生各种电的现象。当然，由于质子体积较大，速度较慢，大多是我们电子在工作。也就是说，大多数物体的带电现象都是由我们电子引起的。

不过，大家不能因为这样就忽略质子。在原子中，只有质子维持好重心，我们电子才能绕核旋转，这样才能组成一个原子。

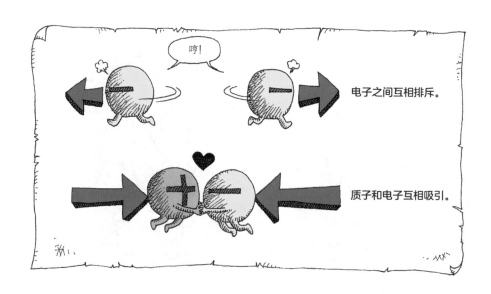

电子之间互相排斥。

质子和电子互相吸引。

因为，同性相斥，异性相吸。如果世界上只有电子，我们会互相排斥，这样就没有原子，也就没有物质。多亏原子中有带正电荷的质子，吸引了我们这些带负电荷的电子，我们才能停留在原子里。

总而言之，虽然我们电子引起了大多数物体的带电现象，地位不容小觑，但和电子一起构成原子结构的质子也很重要！

电子引起带电现象

前面我给大家讲过，原子中包含相同数量的电子和质子，呈电中性。也就是说，通常情况下，原子是不带电的。如果我们电子只存在于原子中，那世间就不会有电了。

不过，我们电子非常活跃，喜欢到处溜达，总想找机会逃到原子外面玩儿。当然，也不是所有电子都能溜达到原子外面，那么哪些电子能溜出去呢？

在我们电子大家族中，有一些朋友距离原子核比较近，有的距离原子核相对较远。那些靠近原子核的朋友被原子核强烈地吸引着，很难逃离原子，所以它们会一直待在原子里。那些远离原子核的朋友所受到的吸引力较弱，就比较容易逃离

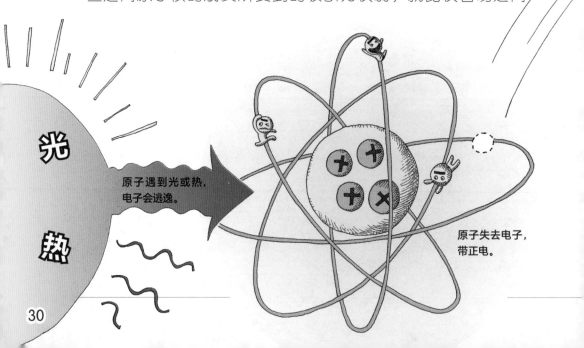

光
热

原子遇到光或热，电子会逃逸。

原子失去电子，带正电。

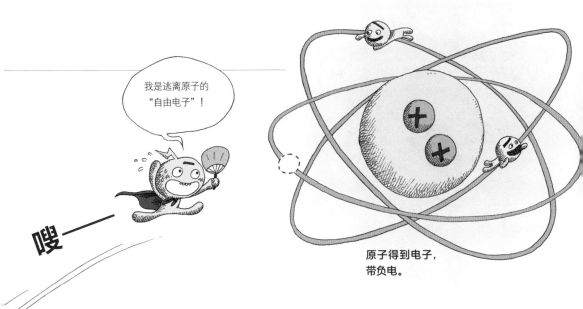

我是逃离原子的
"自由电子"！

嗖——

原子得到电子，
带负电。

原子。我们把那些逃逸到原子外面的电子称为"自由电子"。嘿嘿，大家也都猜到了吧？其实，我——汤米也是一个自由电子哟。

不过，原子的种类各不相同，原子核的吸引力也是千差万别。有些原子吸引力强，将我们电子紧紧团结在一起，而有些原子吸引力弱，里面的电子就像一盘散沙。生活在这些吸引力比较弱的原子里，只要我们电子稍加用力就能轻松脱离原子的束缚。而生活在那些吸引力比较强的原子里，电子的命运就会完全相反。我们不仅很难逃离这种原子，周围其他的"自由电子"还会被这种吸引力强的原子所吸引。

对不起！我好像被别人吸引了。

你去哪儿？

电子一旦离开原子，会发生什么样的事情呢？

简单来说，电子离开原子会使质子和电子数量不对等，这样原子就会带电。在原子中，质子数和电子数相等时，原子呈电中性。但是，原子失去电子后，质子的数量变多，原子带正电；原子得到电子后，电子的数量变多，原子带负电。

电子移动时就会产生带电现象。换句话说，在电的世界里，我们电子可是主角呢！

带电的原子又叫作"离子"。在离子中，带正电的被称为阳离子，带负电的被称为阴离子。所有的带电现

快来啊！

象都是由离子，或者像我这样四处溜达的电子造成的。

不过，这并不代表我们电子一有动作，就会产生带电现象。电子体积微小，每一个电子所带的电量也微乎其微，如果移动的电子数量不多，那就不会产生带电现象。

那我们电子到底拥有多大的电量呢？

电量又被称为电荷量，而电荷量的大小用 C（库仑）为单位来表示。

那我——汤米的电荷量就是 0.000 000 000 000 000 000 16 C，小数点后面写 18 个 0，再写一个 16。质子和我们电子所带电荷的电性不同，但电量却是一样的。

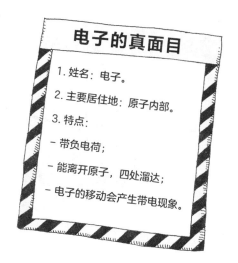

电子的真面目

1. 姓名：电子。

2. 主要居住地：原子内部。

3. 特点：

- 带负电荷；

- 能离开原子，四处溜达；

- 电子的移动会产生带电现象。

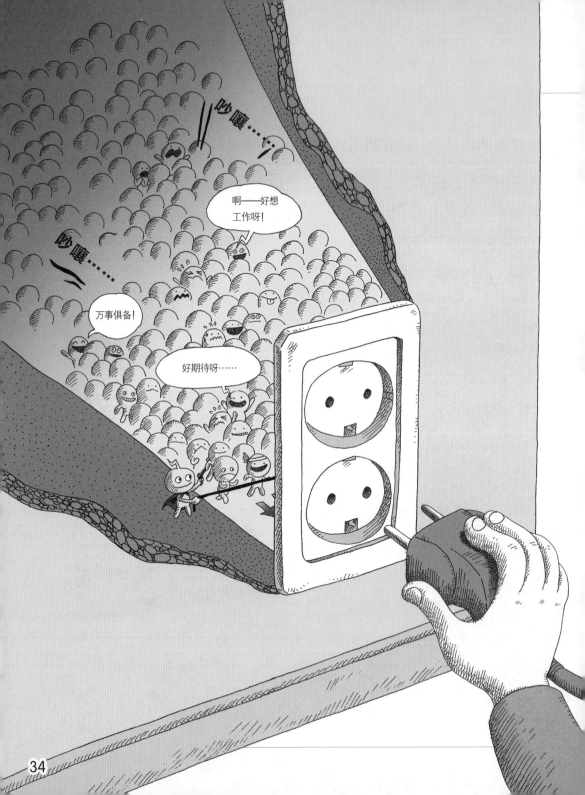

对了！就像无数蚂蚁会成群结队地工作一样，电子同样也是聚在一起"团结合作"的，这就是我们电子虽然电荷量小，却也可以成就大事的秘诀。

一个电子的电荷量非常微小，但数不清的电子会"抱团"移动，从而产生带电现象，一起"做大事"。

世界上有许多物体，即便是一个很小的物体里，也有数不清的原子，一个原子里又存在少则一个、多则数十个质子和电子。原子、质子和电子虽然体积都很微小，但数量却很庞大，所以人们就能利用它们做出一些令人惊奇的大事。

当你打开电灯、电脑或者电视时，我们数不清的电子朋友就会马上成群结队地聚在一起。这样，电灯就能散发光芒，电脑和电视就可以播放精彩的画面和歌曲啦。

捕捉静电

离开原子的电子不流向其他地方，而是聚集在一起时就会产生静电。静电主要由摩擦产生，除此之外，热或压力也会产生静电。掌握了静电的特性，就能在生活中广泛应用。那接下来，我们一起了解一下电子是如何产生静电的吧。

静电产生的原因

　　大家有没有遇到过这种情况，在冬天脱衣服时，伴随着噼啪的响声，头发会紧紧贴在衣服上？偶尔在开车门时，指尖会突然传来一阵刺痛感？

造成这一切的"凶手"，就是静电！任何人都能接触到静电，那么，静电是如何产生的呢？

　　大约 2500 年前，古希腊有一位哲学家叫泰勒斯。他发现，用毛皮擦过的琥珀具有吸引丝线、羽毛等轻小物体的能力。也就是说，物体相互摩擦就会产生吸引其他物体的特性，他由此发现了静电这种现象。

泰勒斯用毛皮擦拭的琥珀，是由松脂固化成的化石。琥珀色泽艳丽，常被用作宝石或装饰品。

但那时我们电子还没有被发现，泰勒斯也不知道静电是如何产生的。他肯定只是认为，琥珀摩擦后会产生吸引其他物体的性质。后来人们发现，即使不是琥珀，其他物体摩擦后也会吸引其他物质。当然，过了很长一段时间后，人们才发现这种现象是静电。

前面我们讲过，电是因为我们电子到处溜达而产生的，对吧？静电也是一样的。既然性质相同，那应该也称作"电"才对，为何会命名为"静电"呢？那是因为电子没有流向其他地方，而是聚集在一起。"静电"一词中的"静"，就是"静止"的意思。由此，这种不会流向其他地方，只是静止在一个位置的电被称为"静电"。

不同的物体摩擦时，我们电子会从一个物体转移到另一个物体，然后在另一个物体上聚集。这时，一个物体会失去电子，带正电；另一个物体会得到电子，带负电。像这样，物体具有多余的电子或失去电子的现象称为"带

有的电不像静电这样静止不动，而是流向其他地方，这种电叫什么呢？答案是电流。关于电流的故事我们将在下一部分和大家一起分享。

电"现象，而带电的物体称为"带电体"。其中，用摩擦的方法使两个不同的物体带电的现象被称为"摩擦起电"。

用梳子和头发摩擦起电

准备物品：

梳子（最好是塑料梳子）。

实验步骤：

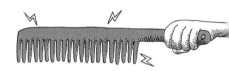

用梳子梳头后，将梳子靠近头发。

是不是很简单啊？

实验结果：

部分头发飘起来，紧贴在梳子上。

为什么会出现这样的结果？

物体是由原子构成的，这个大家都知道了吧？有的原子很容易失去电子，有的原子很容易获得电子。因此，两个物体摩擦时，由不同种类的原子构成的物体会得到或失去电子。电子会从易失去电子的原子所构成的物体，流向易获得电子的原子构成的物体。

梳子和头发摩擦前,二者均不带电,呈电中性。

用梳子梳头发,头发上的电子会哗啦啦地涌向梳子。

头发带正电,梳子带负电,从而产生静电现象。将梳子靠近头发,由于电性相反,二者便互相吸引。

用梳子梳头发时也是一样的。构成头发的原子比构成梳子的原子更容易失去电子,电子会从头发向梳子移动。由此,头发和梳子会带不同性质的电荷,引起异性相吸现象。紧接着,移动的电子会很快回到原位,这样一来,头发和梳子会重新恢复电中性,二者也不会再紧贴在一起了。

带电序列

只要不同的物体互相摩擦就会产生静电，那人们会时刻感觉到静电吗？你觉得呢？答案是"不会"。我们电子非常活跃，只要物体之间有所触碰，我们就会从一个物体转移到另一个物体。不过，其中的关键在于移动的电子数量。只有大量电子转移时，人们才会感受到静电。如果移动的电子数量不多，就算互相摩擦也感觉不出静电。那么，我们电子会在什么情况下大量移动呢？

两种物质的电性差别越大，移动的电子便越多，静电现象也越明显。

科学家发现，如果两种物体互相摩擦，一个物体会带正电，而另一个物体会带负电，这些物体的带电顺序被称为"带电序列"。带电序列的出现是因为每个原子失去或得到电子的性质各不相同。我们身边常见的几种物质的带电序列如右图所示。

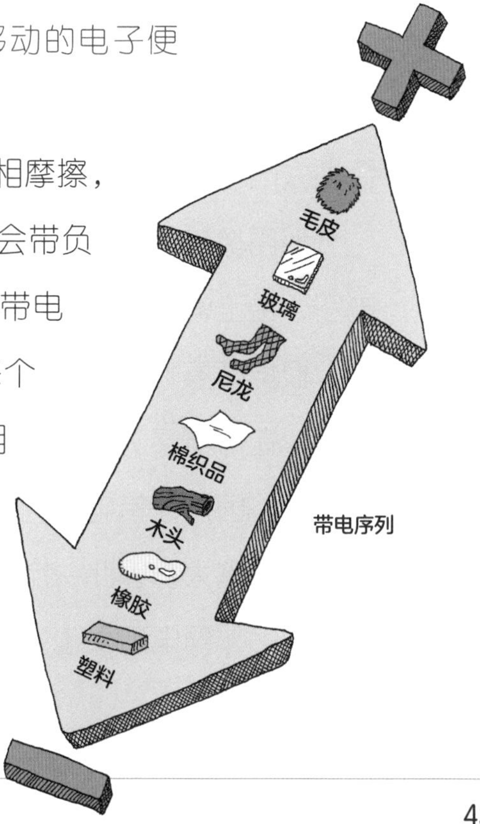

毛皮
玻璃
尼龙
棉织品
木头
橡胶
塑料

带电序列

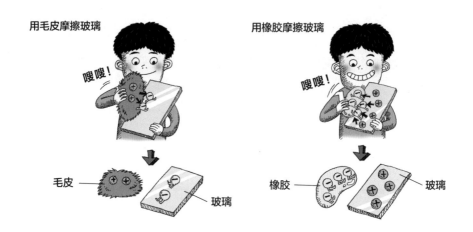

用毛皮摩擦玻璃

嗖嗖！

用橡胶摩擦玻璃

嗖嗖！

毛皮　　玻璃

橡胶　　玻璃

在带电序列中，"+"一侧的物质很容易失去电子，而"−"一侧的物质很容易得到电子。因此，用毛皮摩擦玻璃时，毛皮会失去电子，带正电；玻璃会得到电子，带负电。

那用橡胶摩擦玻璃会怎么样呢？这种情况下，玻璃会失去电子，带正电；橡胶会得到电子，带负电。

根据摩擦物质的不同，玻璃有时会带正电，有时会带负电。此外，在带电序列中，彼此距离越远的物质，摩擦时电子移动得越多。因为在带电序列中，两种物质的间距越远，带电性质的差别就越大。因此，比起毛皮，用橡胶摩擦玻璃时，电子移动得更多，静电现象也更明显。大家也试一试吧！

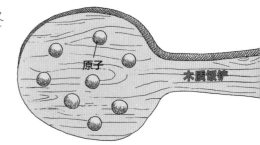

根据带电性质的不同，物质可被分为导体和绝缘体。其中，导体是我们电子很容易在里面到处流动的物体。比如，大多数的金属就是导体。塑料、橡胶、木头等，这些我们电子不能在里面到处跑的物体就是绝缘体。我们可以在导体中四处溜达，不会聚集在一个位置。所以，静电现象不会出现在导体中，只能出现在绝缘体中。

导体 自由电子很多，容易导电。

冬天很容易产生静电，也和这个原因有关。与冬天相比，夏天空气中水分多，而水也是我们电子移动的完美通道。因此，如果空气或物体中含有大量水分，电子不会堆积，而是流动的。相反，到了冬天，空气干燥，电子便不易流动，而是聚集在一起。因此，冬天更容易产生静电。

绝缘体 没有自由电子，不导电。

　　如果对物体加热或加压，也会产生静电。令人惊讶的是，生物体中也会产生静电。虽然生物体产生的静电大部分都很弱，但也有能产生很强静电的个体。电鳗就是很有代表性的例子，电鳗发出的静电，电压最高可达家用电压的 3 倍左右，这种强烈的电力冲击，连人都招架不住。电鳗就是利用自身的强烈静电来捕捉食物、击退敌人的，是不是很厉害啊？怎么样，你是不是也希望自己的身体像电鳗一样，能产生强大的静电？你怎么想象都可以，这是你的自由，哈哈哈！

嗞啦！

电鲶 整个身体可产生 400 伏左右的电压，用来捕食、吓唬敌人。

啊——

电鳐 头部位置可产生 200 伏左右的电压。

嗞啦！

啊——
快救救 鲨鱼！

电鳗 尾部可产生足以令人晕厥的强烈电压，最高达 650 伏。

电力

物体摩擦时，我们电子会移动，从而使物体带电，成为带电体。那两个带电体相遇会发生什么事情呢？

用毛皮摩擦两个邻近悬挂着的小玻璃球，大家会发现两个玻璃球的距离变远了。这是因为两个玻璃球摩擦后都带负电，同性相斥的力发挥了作用。

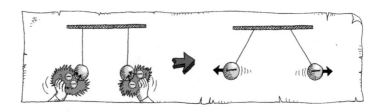

如果用毛皮摩擦其中一个玻璃球，用橡胶来摩擦另一个玻璃球，两个玻璃球之间的距离就会变近。这是因为一个玻璃球带负电，而另一个带正电，这时，异性相吸的力就发挥了作用。

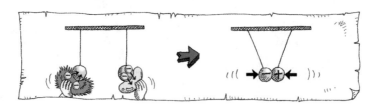

如上所示，两个带电体靠近时，如果二者带电性质相同，则同性相斥；如果二者带电性质相反，则异性相吸。带电体之

间这样相互作用的力被称为"静电力"。

根据带电体之间的距离及电量的不同，静电力也有所不同。首先发现这一现象的，是法国科学家库仑。他发现了下面这个非常重要的规律：

两个带电粒子之间的相互作用力与两个粒子电量的乘积成正比，与两个粒子之间距离的平方成反比。

这就是著名的库仑定律。简而言之，物体之间距离越近，所带电量越大，则静电力就越大。科学家库仑研究出了带电粒子之间是如何相互作用的，人们便使用 C（库仑）作为单位来表示电量的大小，以此来纪念他的伟大发现。

我发现的这个定律竟然以我的名字来命名，是不是很厉害啊？

带电粒子之间距离越远，静电力越小。

带电粒子所带电量越大，静电力越大。

只要物体带电，物体之间就会有静电力相互作用，这个大家都知道了吧？有时候，将一个带电物体靠近另一个物体时，还会产生小火花。这种现象是聚集在一个物体上的电子一下子全都转移到另外一个物体上而产生的。只要有可以流动的通道，我们电子就会你争我抢地全都冲过去。其中，人类的身体、金属等，都可以成为我们电子的通道。因此，如果用带静电的手去抓金属，触碰的瞬间就会有火花闪现。不过，这种情况下产生的热量并不多，因此并不危险，只是有点令人讨厌而已。

静电感应、惊雷、闪电

现在，大家要不要再听一点更有意思的呢？铁、铜等导体中有数不清的电子在四处流动。对我们来说，金属就是超级好玩的游乐场。如果将带电的物体靠近这些金属，结果会怎样呢？

将带负电的玻璃棒靠近铜片，则铜片里的电子会被推到远处。

相反，如果将带正电的玻璃棒靠近铜片，我们电子则会被吸引过来。这就是同性电荷相斥、异性电荷相吸的原理。

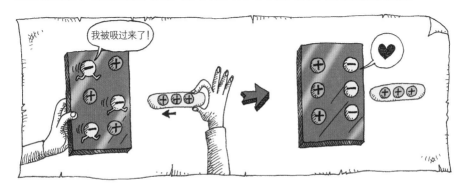

由此可以看出，带电体靠近金属导体时，我们电子要么被排斥得很远，要么被吸引过来。因此，靠近带电体的铜片一端会带与带电体电性相反的电荷；另一端则会带和带电体电性相同的电荷。这种现象被称为"静电感应"。

大家可以看看天空，上面是不是有云啊？那些云朵里也会发生摩擦起电和静电感应现象。那种情况下，天空会闪现巨大的电火花，还会发出非常大的响声。这就是闪电和惊雷。

闪电和惊雷是由摩擦起电和静电感应现象产生的。

无数的电子突然从这朵云跳到那朵云上，或者从云朵上跳到地面上时产生的现象就是闪电和惊雷。

在各类闪电中，落到地面上的闪电被称为"霹雳"。下雨时，大家经常会听说树被击中吧？被雨打湿的树木变成了很好的导体。带电的云靠近地面时，受静电感应影响，树木也变得带电。不过，我们电子喜欢聚集在尖尖的地方，所以比起地面，我们更喜欢聚集在大树上。因此，电闪雷鸣时，大家不要爬到高山上或者躲到大树下面，趴在一个地势较低的地方反而会更加安全。

我们电子喜欢尖尖的地方，科学家充分利用了这一点。像大楼最顶端竖着的那种末端尖尖的金属杆，也就是避雷针，就是很好的例子。在避雷针上连接导线埋入地下，就能防止雷电的损害。因为这样可以让电子沿着导线流向地下。他们真是太聪明了！

一切包在我身上。

我的妈呀！

惊雷和闪电的
产生过程。

电子移动时产生的电火花被称为闪电。电火花使空气突然膨胀，发出巨大响声，这种现象就是惊雷。

轰隆隆！

咔嚓！

啊！

避雷针果然厉害！

人们先看到闪电，再听到惊雷！
光的传播速度比声音快得多。光可以在 1 秒内绕地球转 7 圈半，而声音只能传播 340 米。例如，如果看到闪电 5 秒后才听到雷声，则闪电击中的位置约在 1.7 千米远的地方，340×5=1700（米）。

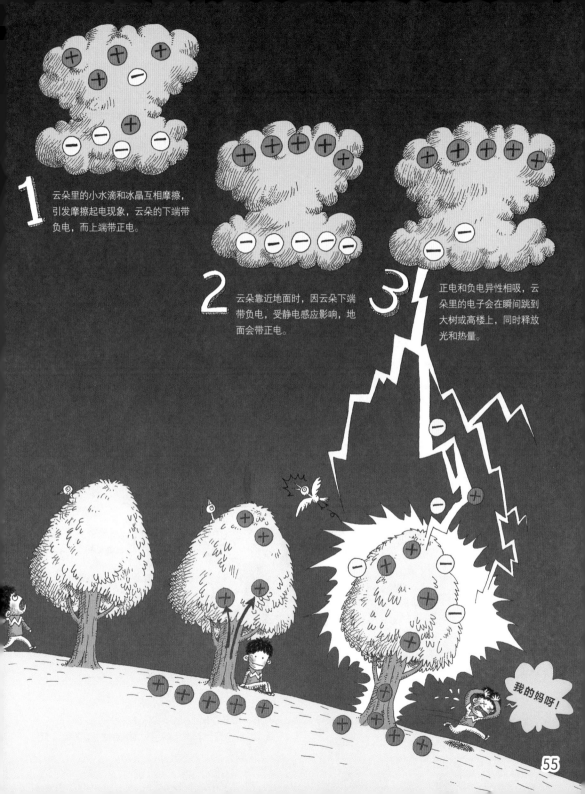

1 云朵里的小水滴和冰晶互相摩擦，引发摩擦起电现象，云朵的下端带负电，而上端带正电。

2 云朵靠近地面时，因云朵下端带负电，受静电感应影响，地面会带正电。

3 正电和负电异性相吸，云朵里的电子会在瞬间跳到大树或高楼上，同时释放光和热量。

我的妈呀！

静电的消除及利用

　　静电会给人们带来一些困扰，有时还会带来巨大损失。因此，人们想了各种办法来消除静电。例如，人们会将导线埋入地下，或者利用铝箔等材质包裹物品。这一切都是为了让我们电子不要扎堆聚集，从而消除静电。

　　不过，令人头疼的静电也有很多用途。人们可以利用电荷之间异性相吸的特性做很多事情，比如除尘、复印等。

喻喻喻！

让我们消除静电！

将导线埋入地下　将连接物体的导线接触地面，或直接埋入地下。如此一来，物体中聚集的电子会沿着导线轻松流入地下。油罐车上拖着的铁链也是为了让电子流向地面。

嗞——

用铝箔进行包裹　保管容易产生静电的物品时，可以用电子容易流动的铝箔进行包裹，这样电子就可以通过铝箔畅通流动或者四下扩散啦。

喷洒防静电喷雾　要想在穿衣服或脱衣服时防止静电产生，可以喷洒防静电喷雾。

有的人可能会认为我们电子容易引起静电，只会惹是生非，其实不然。我们怎么会总想故意给人添麻烦呢？其实，我们也很无奈，我们只是按照自然规律四处聚集罢了。人类应该学会好好利用静电，让静电为生活带来更多的便利，忽略静电所带来的小小不便。

除尘　工厂烟囱里冒出的灰尘会在高温气体中互相碰撞从而带电，人们可以利用静电将这些灰尘聚在一起清除。掸子就是一种利用静电来聚集灰尘的清洁工具。

让我们好好利用静电！

复印　复印机里有一个金属圆筒，静电会让碳粉按照文字的样子紧贴在圆筒上，将圆筒上贴附的碳粉按压在纸上，即可完成复印工作。

制作高仿皮草　如今，高仿动物皮毛的皮草越来越多。大家应该很好奇，那么多毛是如何密实地插在衣服上的呢？其实，只要利用静电，小绒毛也能密密麻麻地竖直排成一列。将细毛排列整齐后，在其中一侧涂上黏胶，这样就能做出以假乱真的皮草。

流动吧，电子

电子喜欢四处溜达，人们将电子的流动称为"电流"。下面，我将为大家讲一下电流如何才能畅通无阻，以及电流四处流动所形成的电路。

流动的电

不会向四处流动、处于静止状态的电荷被称为静电，之前跟大家都讲过了吧？什么？大家都听烦了？你们能记住静电可都是我的功劳呢！现在，大家可不能再说不知道什么是静电了，哈哈哈！

静电虽然很容易产生，但也会很快消失，所以无法应用于电器。大家平时使用的电是流动的电，流动的电和静电不同，它的用途十分广泛。

电灯、电脑、电视等电器想要工作，就必须保证有电荷在一直流动。我和我的电子朋友们只有不断奔跑，拼命努力，你才能开灯、玩游戏、看电视！我们电子像这样向同一方向持续流动就被称为"电流"。

也就是说，电流就是电子的流动。

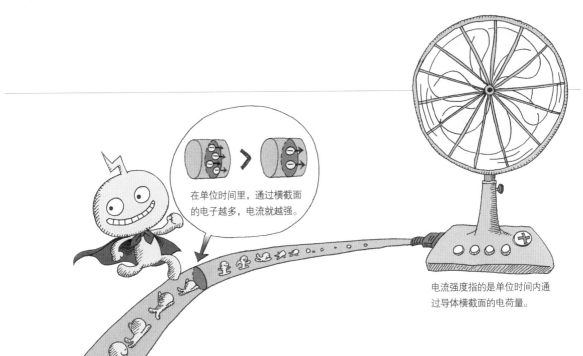

在单位时间里，通过横截面的电子越多，电流就越强。

电流强度指的是单位时间内通过导体横截面的电荷量。

　　不过，电流并不单纯指电子的流动。在溶解物质的溶液中，含有带电原子——离子，这些离子也会流动，这种离子从一侧流向另一侧的现象也被称为电流。

　　电流的强度用 A（安培）为单位来表示，1A（安培）表示 1 秒内有 1C（库仑）电量通过。像我这样的一个电子所带的电量非常小，这个我们在第 1 章学过了。1C 电量相当于 600 亿乘以 1 亿个电子所带的电荷量。也就是说，1A 表示的是 1 秒内有 6 乘以 1 000 000 000 000 000 000 个电子通过。

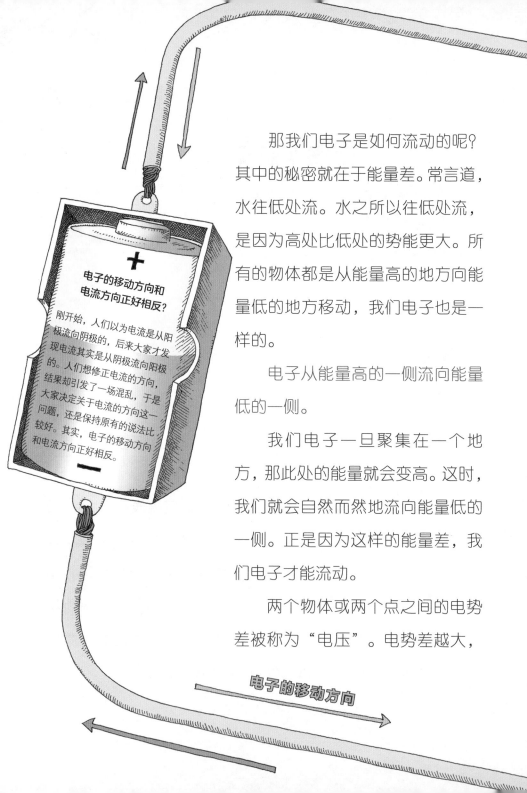

那我们电子是如何流动的呢？其中的秘密就在于能量差。常言道，水往低处流。水之所以往低处流，是因为高处比低处的势能更大。所有的物体都是从能量高的地方向能量低的地方移动，我们电子也是一样的。

电子从能量高的一侧流向能量低的一侧。

我们电子一旦聚集在一个地方，那此处的能量就会变高。这时，我们就会自然而然地流向能量低的一侧。正是因为这样的能量差，我们电子才能流动。

两个物体或两个点之间的电势差被称为"电压"。电势差越大，

电子的移动方向和电流方向正好相反？

刚开始，人们以为电流是从阳极流向阴极的，后来大家才发现电流其实是从阴极流向阳极的。人们想修正电流的方向，结果却引发了一场混乱，于是大家决定关于电流的方向这一问题，还是保持原有的说法比较好。其实，电子的移动方向和电流方向正好相反。

电子的移动方向

电流的方向

电压越大，电流越快，就像水流，地势落差越大，
水流就会越急。电压的单位用 V（伏特）来表示，大家家
里用的电的电压大都为 220V。

　　水会沿着管道流动，电流则沿着导线流动。导线就是我们
电子流动的通道，根据导线的长度及粗细不同，我们电子可能
会顺畅流动，也可能会受到阻碍。在相同水压的情况下，如果
管道很粗，水流量就会很大，而管道很细的话，水流就会很小。
同理，在相同电压的情况下，如果导线很粗，就能保证很多电
子一起流动，电流就会很强；如果导线很细，流动的电子就会
少一些，电流也会很弱。

　　导线对电流的阻碍作用，叫电阻。希腊字母 Ω 是电阻计
量单位（名称为欧姆）的符号。导线的电阻越大，阻碍我们
电子流动的力量就越强，我们流动起来就越不顺畅，所
以电流就会越弱。例如，在电压相同的情况下，和
电阻为 1Ω 的导线相比，电阻为 10Ω 的导线中
的电流只有前者的十分之一。

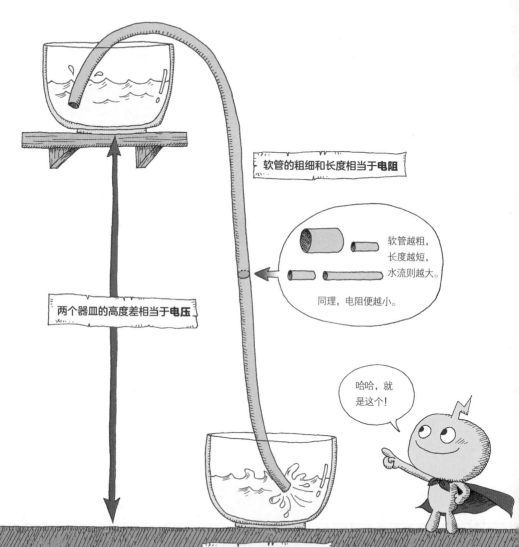

软管的粗细和长度相当于**电阻**

软管越粗，
长度越短，
水流则越大。

同理，电阻便越小。

两个器皿的高度差相当于**电压**

哈哈，就
是这个！

流动的水量相当于**电流**

哎呀，大家是不是听得头都大了？汤米就知道大家会这样，所以早有准备。我把电流和水流进行了对比和整理。

好了，如左图所示，用软管将装着水的两个器皿连接起来，把两个器皿的高度差就比作电压，软管的粗细和长度相当于电阻，流动的水量表示电流的大小。怎么样，这样理解起来就简单多了吧？要想充分理解电的情况，电压、电阻、电流都是非常重要的术语，大家一定要熟记。

欧姆定律

　　世界上第一个发现电流、电压及电阻之间关系的人是德国科学家欧姆，电阻的单位 Ω（欧姆）也是为了纪念他而命名的。仔细想来，大多数新发现都会以第一个发现它的科学家的名字来命名。大家要不要来挑战一下呢？世界上有很多还没有被发现的秘密哟……想象一下，如果有一项发现以你的名字来命名，是不是很有成就感呢？

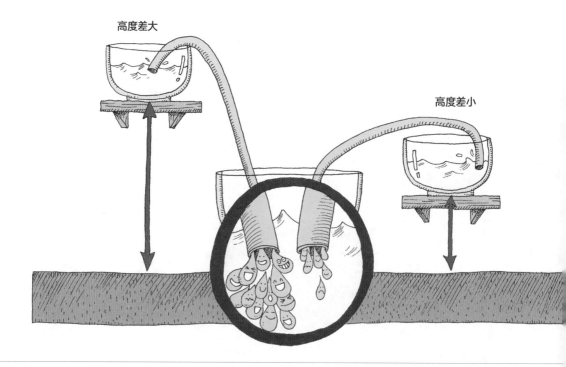

高度差大

高度差小

好了，我们言归正传，继续来了解一下科学家欧姆到底发现了什么吧。

刚刚我们说过，电压越大，电流越大，即电流和电压成正比。这就像装水的两个器皿高度差越大，水流的速度就会越快，同一时间内，流出的水也就越多。

阻碍电流的阻力越小，电流则越大，即电流和电阻成反比。这就像软管越粗，流出的水就会越多一样。

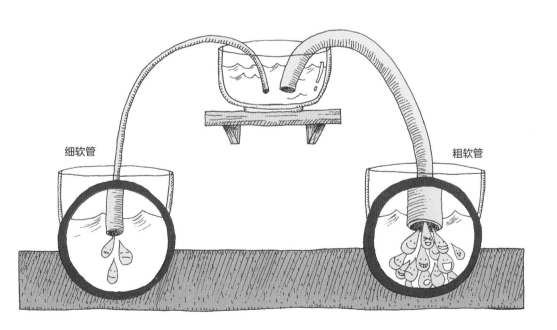

细软管

粗软管

因此，电流的强度与电压成正比，与电阻成反比。

这表明，电压越大，电阻越小，则我们电子的流动越快。这就是欧姆定律，用下图来表示更加一目了然。

欧姆定律　　电流 ＝ $\dfrac{电压}{电阻}$

根据欧姆定律，如果已知其中两个变量，就能轻松计算出剩余一个变量。例如，将电阻为 100Ω 的灯泡连接到电压为 220V 的电源上时，我们可以轻松计算出电流的大小。对我们电子来说，这种计算可谓小菜一碟，大家是不是也像我一样厉害呢？这个问题的答案是 2.2A。

$$电流 = \frac{电压}{电阻} = \frac{220}{100} = 2.2（A）$$

要想让电器工作，需要多大的电压呢？大家可以看看身边的电器！在韩国，电器上面一般都会标着 110V 或 220V，这里的 110V、220V 表示的是连接电器使用的电压。要记住，标着 110V 的电器不能连接 220V 电压，标着 220V 的电器也不能连接 110V 电压。如果将电器连接在高于产品规定的电压时，我们电子的流动太多，电器会出故障。相反，如果将电器连接在低于产品规定的电压时，我们电子的流动便会过少，这样电器无法正常运行。因此，每一个电器都有可确保其正常工作的额定电压。

电流、电压、电阻的真面目

1. 电流: 1 秒内通过导体横截面的电荷数，用 A（安培）为单位来表示。

2. 电压: 电势差，用 V（伏特）为单位来表示。

3. 电阻: 导体对电流阻碍作用的大小，用 Ω（欧姆）为单位来表示。

4. 特点: 欧姆定律，电流 = $\dfrac{\text{电压}}{\text{电阻}}$ 成立。

电路

要想让我们电子不断流动，需要用导线进行连接。为了利用电子，人们将所需的部件用导线连接起来，这种情况称为电路。简而言之，电路是电流所流经的路径，也就是我们电子活动的道路。所有的电器都由大大小小的电路组成。大家之所以能用电，也是因为有电路的缘故。

那电路到底是用什么构成的呢？在电路中，有一个为我们电子流动提供所需势能的地方，也就是产生电压的地方，这个地方被称为电源。

这里是哪儿啊？

我们今天做什么？

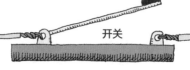

开关

例如，电池、发电站就是产生电压的电源。在电路中，必须有电源。

那是不是还需要有导线呢？导线要选择电阻小的材质，这样我们电子就能够不受太大阻碍，轻松快速地流动。在金属中，电阻最小的物质是银。不过，银特别昂贵，不适合用作导线，所以人们通常用铜、铝等电阻低且价格相对低廉的金属来当导线。

电路中不仅有电源和导线，还有用电器。用电器的电阻通常都很高，会阻碍电流。例如，白炽灯泡里有用钨丝做成的电阻，电流流动时，电子会和钨丝原子发生碰撞，从而产生光和热。如果没有电阻，只用导线直接连接电源，巨大的电流会一下子流过去，熔化导线，甚至起火。因此，在电路中，除了电源和导线外，还需要有用电器这样的电阻。

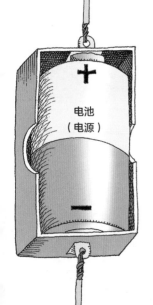

电池
（电源）

灯泡
（用电

导线

电路图

电流从电源处开始流动，直至回到电源为止，整个电路中间不能中断。不过，电路也不是完全没有断开的地方。其中，开关就是用来断开和连接电路的装置。开关合上，电路连通，我们电子就会兴奋地流动起来；开关断开，我们电子就无法继续流动了。大家家里应该也有很多开关吧？这些开关就是用来连接和断开墙体里的导线的。

电路元件可以简单地用符号来表示，用符号表示的电路连接图被称为电路图。不管多么复杂的电路，只要用电路图进行表示，就会一目了然。这样大家就能很轻松地了解我们电子的移动路径，以及我们在什么地方会做什么事情，等等。那些生产及维修电器的人，也都是参照电路图来检查电路情况的。

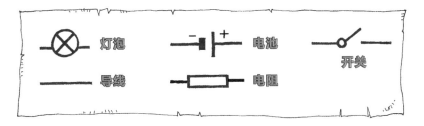

串联和并联

　　电路有很多种连接方法，要想将一个灯泡连接多个电池，应该怎么做呢？方法大致有两种：一种是把电池排成一列连接起来，这种方法被称为"串联"；另一种是把电池并排连接起来，这种方法被称为"并联"。下面，我们通过一个简单的活动，来了解一下二者的差异吧。

　　一边是一个电池连接一个灯泡；另一边是两个电池串联后，连接一个灯泡。电池进行串联时，如下图所示，应将一个电池的"－"极和另一个电池的"＋"极连接在一起。

　　怎么样？两个电池串联的这一边，灯泡更亮一些吧？那是

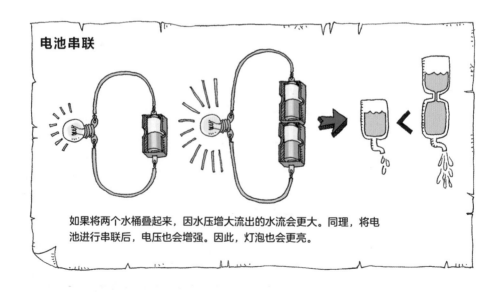

电池串联

如果将两个水桶叠起来，因水压增大流出的水流会更大。同理，将电池进行串联后，电压也会增强。因此，灯泡也会更亮。

因为两个电池串联后，比只有一个电池时的电压更高，电流更强。因此，串联的电池越多，电灯泡就会越亮。

那将两个相同的电池并联起来会怎么样呢？电池进行并联时，如下图所示，应将电池的"+"极和"+"极、"−"极和"−"极分别连接在一起。

这种情况下，两边的灯泡亮度是一样的。这是因为，两个电池并联后的电压和一个电池的电压是相同的。也就是说，不管并联多少个电池，整体电压和一个电池的电压都是一样的，只不过是电池的使用寿命延长了而已。

也就是说，电池串联时，电灯会更亮；电池并联时，电池使用时间更长！

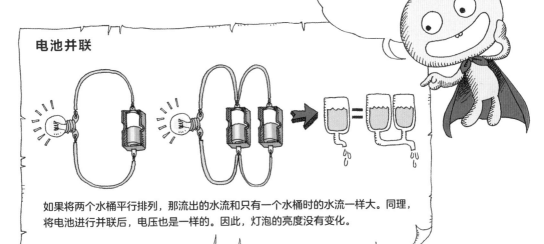

电池并联

如果将两个水桶平行排列，那流出的水流和只有一个水桶时的水流一样大。同理，将电池进行并联后，电压也是一样的。因此，灯泡的亮度没有变化。

跟电池连接的方法一样，灯泡也可以进行串联或并联。一边是一个电池连接一个灯泡；另一边是两个灯泡串联后，连接一个电池。

　　这种情况下，连接一个灯泡的一侧更亮一些。这是因为，相比于一个灯泡的电路，两个灯泡串联时的电流会变弱。换句话说，因为两边连接的都是一个电池，因此两边的电压是相同的。不过，如果串联两个灯泡，我们电子流经的路径就会变长，整体电阻也会变大。因此，相比于连接一个灯泡，两个灯泡串联时的电流会变弱，灯泡的亮度也会变暗。而且，串联的灯泡越多，灯泡的亮度就会越暗。

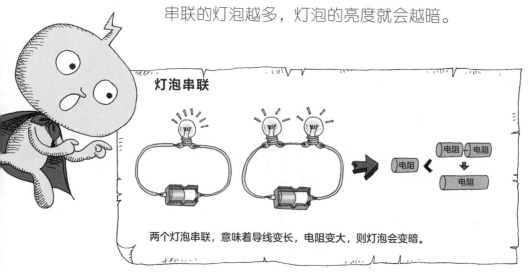

灯泡串联

两个灯泡串联，意味着导线变长，电阻变大，则灯泡会变暗。

灯泡串联时，亮度会变暗；
灯泡并联时，亮度几乎没变！

那如果将两个灯泡并联会怎么样呢？

两边的灯泡亮度是相同的。两个灯泡并联时，我们电子可流经的路径也变成了两个。也就是说，通道变宽了，而整体电阻也变小了。

像这样，将两个相同的灯泡并联时，整体的电阻比连接一个灯泡的那一边减少了一半，电流则增加了一倍。两倍的电流分别流向两个灯泡，这和连接一个灯泡的那一边有着相同的电流，灯泡的亮度就是相同的。因此，并联的灯泡越多，整体的电流就会越大。

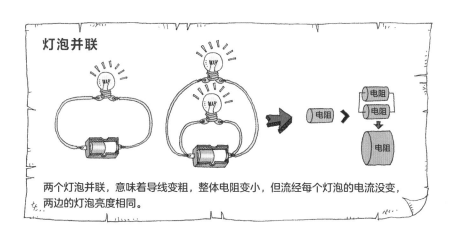

灯泡并联

两个灯泡并联，意味着导线变粗，整体电阻变小，但流经每个灯泡的电流没变，两边的灯泡亮度相同。

大家的家里使用的所有电器都是并联的方式。因此，所有电器连接的都是 220V 的电压。即便其中一个电器关掉或出现故障，其他电器还可以正常使用。当然，用电器越多，整体电流会越大，电费也会越高。

　　此外，电路的连接方式也是多种多样的。串联和并联还可以进行混合连接。只有根据自己的用途，恰当地连接灯泡和电池，才可以实现高效利用。

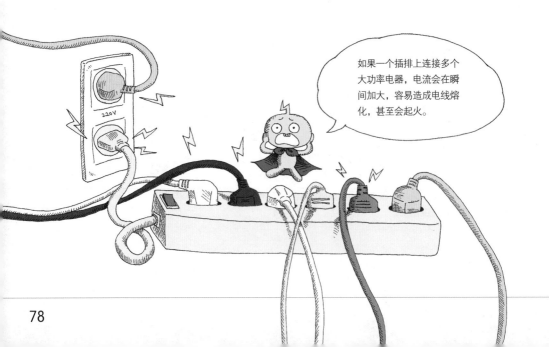

如果一个插排上连接多个大功率电器，电流会在瞬间加大，容易造成电线熔化，甚至会起火。

家庭生活中，室内通常会有很多个电路。如果用电过度，或电线出现破损，
发生漏电现象时，大家只要将相应电路断电即可。

令人惊奇的电的效应

人们之所以能够使用电器，是因为电子流动时将自身所带的电能转换成了其他能量。那接下来，我们就一起聊聊电到底能做什么吧。

热效应和光效应

我们电子多才多艺，让电灯发出耀眼的光，让电暖炉变得炙热……这些都是我们电子的本领。

通过这些电器，我们电子自身所带的电能会转化为其他能量。其中最重要的，便是电能转化为热能。

大家可以观察一下周围，看看将电能转化成热能的电器都有哪些。没错，比如电熨斗、电热毯、电饭锅等等。这些利用电来发热的电器被称为"电热器"。电热器就是将电能转化为热能的用电设备。

电能转化为热能的原理非常简单。我们电子在导线里快速流动时，和密密麻麻排列的原子们碰撞，就能转化为热能。这就像大家在拥挤的地铁里移动，和周围的人撞来撞去时，也会感觉燥热是同样的道理。

前面讲的，阻碍电流流动的特性叫什么来着？没错，就是电阻。电阻越大，我们

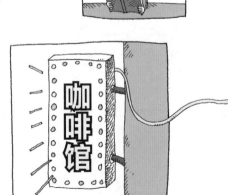

电子就会碰撞更多的原子，从而转化更多的热能。这就像地铁里的人越多，大家互相触碰就会越多，移动时就越艰难。不过，如果有的物质电阻过大，我们电子根本无法流动，则不会转化热能。相反的，如果有的物质电阻非常小，电流就会流动过猛，一旦我们电子的流动量过大，导线便会熔断。那么，要想转化适当的热能，需要采用什么类型的导线呢？

在金属线上通电

小心!!

大家需要在大人的帮助下做这类实验。

准备物品:

2 个 1.5V 干电池、开关、镍铬合金线和铅线各 20 厘米左右、3 个钉子、木板、两端带鳄鱼夹的导线。

实验步骤:

1. 让大人帮忙把钉子钉在木板上,钉子之间的间隔约为 5 厘米。

2. 钉子之间分别连接镍铬合金线和铅线。

3. 用导线将 2 节干电池串联起来,连接开关和镍铬合金线,合成电路。

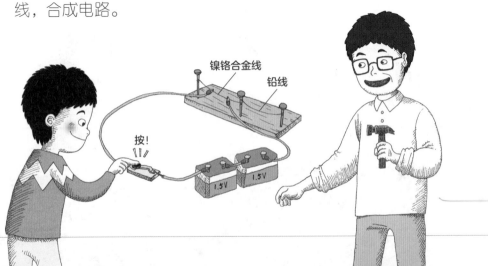

镍铬合金线

铅线

按!

1.5V   1.5V

4. 按下开关，等一会儿。

5. 观察镍铬合金线的变化。

6. 用同样的方法观察铅线的变化。

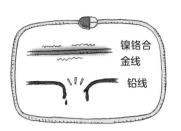

镍铬合金线

铅线

实验结果：

1. 镍铬合金线被烧得发热、通红。

2. 铅线被熔断。

为什么会出现这样的结果？

金属线通电后，电子和构成金属线的原子发生碰撞，引起发热。由于镍铬合金线熔点高，因此会发热变红。而铅线熔点低，一旦强电流通过，便会被熔断。

因此，在电热器中，应该选用耐高温的导体作为电阻材料。其中，镍铬合金线通常被用作电热器的电阻材料。

电能还可以转化为光能。白炽灯通电后会发热，这种热量会转化为光来照明。构成灯丝的原子和向着同一方向流动的电子发生碰撞，从而发热和发光。

不过，荧光灯和霓虹灯的发光原理则不同。荧光灯和霓虹灯里的气体原子和从阴极流向阳极的电子发生碰撞，从而出现发光现象。

几乎所有的气体和电子发生碰撞都会发出特定颜色的光。例如，氖气会发出橘红色光，氦气会发出粉红色光。在真空玻璃管里放入一点这些气体，通电后就会成为散发各种颜色的霓虹灯。

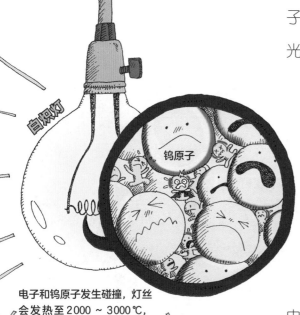

白炽灯

钨原子

电子和钨原子发生碰撞，灯丝会发热至2000～3000℃，从而发光。

荧光灯的真空玻璃管里装有一点汞蒸气，一旦通电，汞蒸气里的汞原子和电子发生碰撞，会产生眼睛看不到的紫外线。这些紫外线被玻璃管内侧涂的荧光物质吸收，从而发出眼睛可以看到的光。

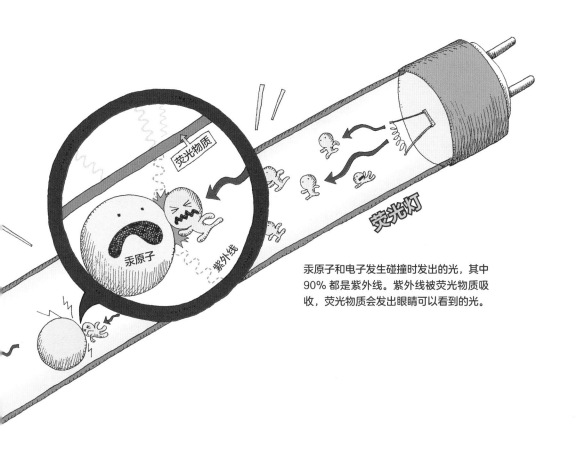

汞原子和电子发生碰撞时发出的光，其中90%都是紫外线。紫外线被荧光物质吸收，荧光物质会发出眼睛可以看到的光。

化学效应

电的用途如此广泛，那怎样做才能得到电呢？

最简单的方法就是摩擦，让电子从一个物体转移到另外一个物体上。研究电的科学家刚开始也是利用摩擦来发电的。

1663 年，德国科学家盖利克用真皮和布料摩擦旋转的硫黄球，从而得到了大量的电。为了让硫黄球旋转得更快，人们还使用了机器。

不过，通过摩擦得到的电量太少，连简单的实验都很难维持。因此，人们又开始研发可以储存电的设备，这样等需要电时便可拿出来使用了。这种设备就是电容器。如今，像收音机之类的电器还在使用电容器。不过，这种设备只能短暂地储存少量的电。

随着电的实验越来越多，电的需求量也越来越大，仅靠摩擦方式生成的电和储存在电容器的电是远远不够的。解决这个难题的，正是伽伐尼和伏打，他们对电池的发明产生了非常深远的影响。

电池是一种将电能转化为化学能，需要时再将化学能转化为电能的装置。电池的发明在很长一段时间里保障了源源不断的电力，有了电池，关于电的实验就更加活跃了。

最初的电池叫伏打电堆，目前大家所用的是伏打电堆改良后的各种其他类型电池。从汽车启动时使用的大电池，到钟表上所用的小纽扣形状的电池等，电池的种类五花八门。大家在野外可以轻松用电，也多亏了电池的发明。

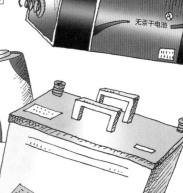

伽伐尼和伏打的电池故事

磁效应

电流周围存在磁场。

　　人类从很久以前就开始使用罗盘，但对磁铁却不甚了解。当时人们以为，罗盘是用具有磁性的物质做成的，所以才显示出了磁性，没有任何人想到电流和磁铁之间会有关系。不过后来，丹麦的科学家奥斯特偶然间发现，电流流动时，导线周围便会产生磁场。我们电子不断流动，周围就会产生磁场。

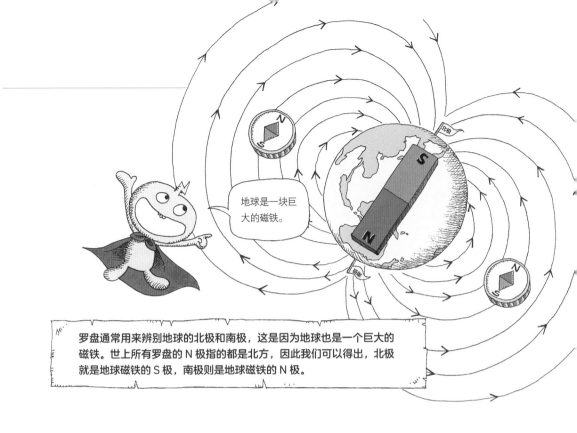

地球是一块巨大的磁铁。

罗盘通常用来辨别地球的北极和南极，这是因为地球也是一个巨大的磁铁。世上所有罗盘的 N 极指的都是北方，因此我们可以得出，北极就是地球磁铁的 S 极，南极则是地球磁铁的 N 极。

　　好了，大家想象一下这里有一个磁铁，我们在磁铁周围放一些小罗盘，则罗盘 N 极全都会指向磁铁的 S 极。这种情况下，罗盘 N 极所指的方向被称为"磁场方向"。

　　刚刚我们提过，通电导线周围会产生磁场，对吧？那此时，磁场的方向是什么呢？电流流动时，磁场方向会根据电流的运行方向朝右侧环绕。这种现象被称为"右手螺旋定则"。

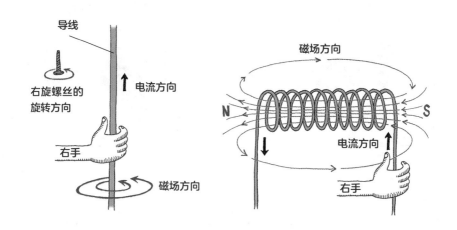

　　右旋螺丝指的是向右侧方向不断环绕延伸的螺丝。大部分家庭用的螺丝都是右旋螺丝。右旋螺丝的延伸方向如果是电流方向，则螺丝转动的方向就是磁场方向，这就是右手螺旋定则的原理。

　　线圈通电后，磁场的方向会怎么样呢？线圈就是用导线缠成的圆筒。线圈通电后会形成磁场，磁场方向取决于线圈中电流的方向。

　　我们电子还可以在钉子之类的金属物中变魔术。你问我是什么魔术？这个魔术不是别的，就是将钉子变成磁铁。在钉子

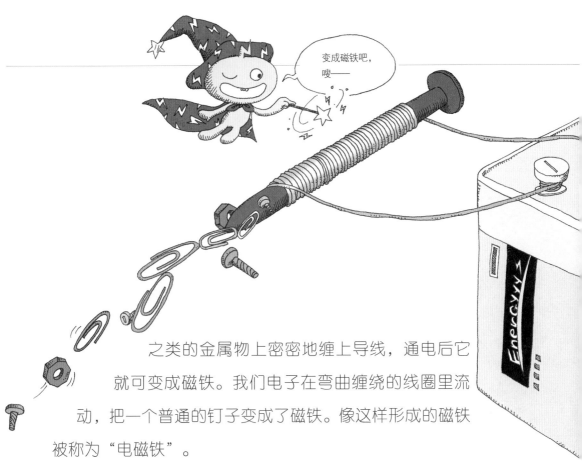

变成磁铁吧，嗖——

之类的金属物上密密地缠上导线，通电后它就可变成磁铁。我们电子在弯曲缠绕的线圈里流动，把一个普通的钉子变成了磁铁。像这样形成的磁铁被称为"电磁铁"。

大家在学校里做实验时会经常用到电磁铁，所以有很多机会见到电磁铁。而且，它在日常生活中的用途也非常广泛。虽然现在用得不是很多了，但在以前，使用电磁铁的电铃会发出丁零零的声音，来通知学生上课及下课时间。还有，工厂和废车场都会使用大型电磁铁将大件物品和汽车吊起来。

用磁铁发电

电流周围会产生磁场。那反过来，利用磁铁会不会产生电流呢？科学家也带着这样的假设，利用磁铁做了各类实验。不过，不管在导线周围放置磁性多么强的磁铁，都不会产生电流。

后来，英国的物理学家法拉第研究出了利用磁铁发电的方法。哈哈，大家是不是听说过这个名字啊？

将一个强磁性的磁铁靠近导线，但导线里并没有产生电流。

　　法拉第发现的这一现象被称为"电磁感应"，这是利用电磁场的变化来产生电流。磁铁的快速移动，会改变磁铁周围的磁场。这种情况下，如果磁场变化的地方有导线，则导线会产生电压，我们电子就会开始流动。大家是不是很难理解啊？正是由于法拉第发现了电磁感应定律，大家才能像今天这样使用这么多电。

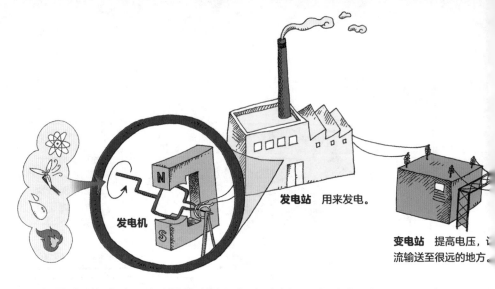

发电站 用来发电。

变电站 提高电压，让电流输送至很远的地方。

发电机

利用电磁感应可以很轻松地产生电流。发电机也是利用电磁感应原理设计而成的。发电机就是发电装置，大家都知道吧？发电机是在磁铁之间转动导线，或者在线圈之间转动磁铁从而产生电流。

不过，要想生产足够很多人使用的电流，就需要巨大的磁铁及导线。当然，靠人的力量应该是无法转动那么大的磁铁和导线的。因此，人们研究了很多能使发电机转动的方法。其中一个方法，是利用水流从高处向下坠落时产生的力。像这样，利用水的力量来转动发电机的方法被称为"水力发电"。怎么样，大家都听说过吧？此外，还可以利用多种燃料燃烧后产生的水蒸气的压力进行发电。这种方式被称为"火力发电"。最近，人们利用原子核分裂时产生的能量来转动发电机，这种"核能发电"方式也逐渐被广泛应用。

变电站 降低电压，变成工厂可用的电。

变压器 再次降低电压，变成家庭和医院等场所可用的电。

输电塔

现在，大家知道我们电子都能做什么事情了吧？我们不仅能发热、发光，还能制作磁铁、产生化学作用。此外，我们电子还能让人们的生活更加方便。我来给大家举例说明一下吧。电能可以让物体移动，还能通过转动电机来使电器工作，电机就是利用电来获得旋转力量的机器。扇叶转动的风扇、刀片旋转的搅拌机，还有旋转着在墙上钻孔的电钻等，这些电器里都有电机。

此外，我们还能产生无线通信所用的电磁波。虽然大家的肉眼看不到，但

实际上，空中有很多我们电子产生的电磁波。人们会利用电磁波来发出各种信号。当然，手机也是利用电磁波的一种设备。

我们在世界的各个角落，有的安安静静地待在原子里；有的到处窜来窜去，辛勤工作；有的聚集在一个地方形成静电；有的一窝蜂地涌向同一个方向，为大家的生活发电。到目前为止，我们电子在世界的各个角落做了很多事情，未来也会继续坚持。希望通过我们的努力"工作"，让人们的生活更加便捷。

结束语

现在，关于电的故事是时候告一段落了。

虽然我还有很多话想跟大家分享……

我和电子朋友们不舍昼夜、勤勤恳恳地跑来跑去，

以后大家用电时，应该都会联想到这个场景吧？

朋友们，再见啦！

百变科学小百科

静电

原子里带负电荷的电子和带正电荷的质子数量相同，原子呈电中性。不过，物体相互摩擦时，电子会从一种物体转移到另一个物体上。由此，一种物体的电子变多，带负电；另一种物体的电子变少，带正电。如果物体为绝缘体，则电子不会四处流动，而是聚集在一起，像这样聚集在一个地方的电荷称为静电。

伏打和伏打电堆

意大利科学家伏打（1745—1827）在锌片和铜片之间放入浸湿盐水的纸，依次叠起来进行发电，伏打电堆便是根据这一原理制作而成。我们如今所用的各类便捷的电池均应用了伏打电堆的原理，在不同的金属片中间放入含有离子的溶液，以此来进行发电。伏打凭借发明电池的这一丰功伟绩，从法国拿破仑皇帝那里获奖无数，并获得伯爵爵位。

电磁波

电子移动的速度和方向发生改变，或电流强度变化时，周围的电场和磁场也会变化。电场和磁场周期性变化产生波动，并通过空间传播的能量被称为电磁波。光也是一种电磁波。我们平常所用的收音机、电视机、手机、遥控器等都是利用电磁波来收发信号的。

电阻和欧姆定律

德国科学家欧姆（1789—1854）总结出了"欧姆定律"：电流的强度与电压成正比，与电阻成反比。电阻会阻碍电的流动，根据物质的特性和物体的大小而有所不同。电阻大、不善于传导电流的物质称为绝缘体，电阻小且易于传导电流的物质称为导体。导电性能介于导体和绝缘体之间的物质称为半导体。

电流的磁效应

丹麦科学家奥斯特（1777—1851）发现，电流的周围存在磁场。在这之前，人们认为电和磁没有任何的关系。不过，随着奥斯特的发现，人们逐渐了解磁场是由电所引起的。永久磁铁的磁场也是由原子内部的电子产生的。

静电感应

将一个带电体靠近导体时，导体靠近带电体的一端会带异种电荷，导体远离带电体的一端带同种电荷，这种现象被称为静电感应。导体之所以会出现静电感应，是因为导体中的电子会自由移动。

惊雷和闪电

天空中的云是由许多小水滴、冰晶和少量的微尘构成的。这些颗粒彼此碰撞，云便会带电。这时，如果带有异种电荷的云相遇，云之间电子会移动，瞬间释放大量的热能。这些热能发出的光就是闪电，空气受热而快速膨胀发出的巨大响声便是惊雷。由于光的传播速度比声音快，因此我们会先看到闪电，后听到雷声。

库仑和库仑定律

法国科学家库仑（1736—1806）发现了电荷之间的作用力，即静电力是如何发挥作用的。为了精确测定微小静电力，他还发明了名为"扭秤"的工具。经过反复实验，库仑发现了"库仑定律"：同种电荷相斥，异种电荷相吸；作用力的大小与电荷量的乘积成正比，与距离的平方成反比。

法拉第

英国科学家法拉第（1791—1867）从小家境贫寒，需要靠打工来维持学业。他很喜欢将所学知识进行整理和深度思考。最终，法拉第成为一名伟大的科学家，并发现了电磁感应定律。人们利用这一定律生产了大量的电，才让我们的生活更加便捷。

作者寄语

**"探索新事物犹如分享快乐，
这样的美好并不多见。"**

　　人类对电有深入了解不过才 200 多年的时间。电的用途非常广泛，与我们的生活息息相关。因此，如果对电不了解，就无法了解我们周围常见的便利设备是如何工作的。学习电的知识，不仅能让我们体验了解电器工作原理的快乐，还能帮我们正确使用电器。

　　不过，电是由肉眼看不见的电子产生的，所以理解起来并不简单。要想真正了解电的来龙去脉，大家需要在大学里学习量子物理学。量子物理学，光听这个名字就觉得很深奥吧？不过，就算大家不懂量子物理学，也可以对电子多少有些了解。为帮助读者轻松理解电的原理，本书浅显易懂地阐述了电子在其中发挥的作用。

　　电流不会聚集在一个地方，而是在不停流动，它能产生各种各样的作用。比如，电能发热、发光，还会引起化学反应，甚至可进行电解等化学作用。不过，其中最重要的就是磁效应。

电之所以能让庞大的设备启动工作，全都得益于电流的磁效应。

电流周围会形成磁场，而利用运动的磁铁来发电，这种现象被称为电磁感应。我们之所以能轻松用电，是因为电可以实现大量生产。自从电流的磁效应和电磁感应定律被发现后，人们进一步拓展了电的适用范围。

不过，除了本书里阐述的内容，电子可以做的事情还有很多。例如，大家利用电脑处理复杂、困难的事务，这都是电子的功劳。如果想知道电子到底是如何做到这些事情的，大家未来还需要继续学习。像探索新鲜事物这样能够给人足够愉悦感的事情并不多见。未来，大家只要继续努力学习电子方面的知识，就能全身心地体验探索新事物带来的快乐。

郭泳稙

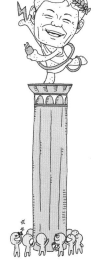

讲给孩子的基础科学

电是怎样产生的？风是如何形成的？
我们的周围充满了各种神奇的秘密。
张开好奇心的翅膀，天马行空地去想象，
这是一件多么令人激动、令人神往的事情！
科学就起源于这令人愉悦的好奇心和想象力。
从现在起，百变科学博士将
变身为电子、风、遗传基因等各种各样的奇妙事物，
带您去探索身边的科学奥秘，
开启一趟充满趣味、惊险刺激的科学之旅！
来吧，让我们向着科学出发！